保食神《うけもちのかみ》に導かれて〈日向《ひなた》の国〉を歩く

森本雍子 著

鉱脈文庫
ふみくら
25

発刊に寄せて

（公財）九州文化協会　副会長　渡辺　綱纜

『保食神《うけもちのかみ》に導かれて〈日向《ひなた》の国〉を歩く』という本の標題に、いかにも森本雍子さんらしいなあと、思った。

初出版のエッセイ集『野うさぎの道草』を読んだ時にも、その視点の鋭さに一驚したことだが、日頃の物静かなやさしい著者からは想像できない、きらきらと輝く内容があふれていた。森本雍子さんは、まさに「書く人」であり、「書ける人」である。

保食神という神様は、古事記には出てこない。日本書紀にだけ登場する。神々の国で育った私たちにも、なじみの薄い神様である。

しかし、森本雍子さんは、その保食神から神秘なひらめきを授かって、この本を上梓した。

読めば気づくことだが、中味は身辺の話題が主で、たいへん分かり易く、奥行きが広い。

最近の宮崎は、「味の国」で売っている。旅人たちの感想を聞いても、殆どが「美味しい話」である。

あらためて保食神はまぎれもなく日向の国のご出身で、今も故郷宮崎を愛し、しっかりと守っていてくださるのである。

森本雍子さんの訴えたかったことも、それではなかったのかと、しみじみ思うのである。


（平成二十九年五月四日、みどりの日に）

目次

恵の章　五穀とは

カバー・扉絵　日野　直道
本文挿絵　大野　静子

保食神《うけもちのかみ》に導かれて〈日向《ひなた》の国〉を歩く

曙の章　保食神との出会い

『日本書紀』の中の保食神《うけもちのかみ》

二〇一一年一月に『野うさぎの道草』を上梓してから七年間、探し求めてきた神様がいた。

前著で「出会いの不思議」として一枚の肥料袋に出会ったことを書いた。その後のことである。

愛犬直太郎と散歩していた。直太郎がしきりに嗅いでいる。畦道に使用済みの肥料袋がある。泥か何かを詰め込んで畑の土壌が流れ出ないようにしてある。十袋位だったろうか？

そのうちの一枚に目が留まった。それは一〇アール当たりに施す基肥の基準表であり、目に留まったのは「桑二十袋」というのであった。今時、桑？　というのが率直な疑問であった。当然のこと、このビニール袋は過去の物というのは承知だった。

その袋に出会ったおかげで様々な桑について、例えば桑の実ジャムを作るという果樹園を訪ねたり、日本の食文化を頑なに今に伝えて守り続けている天皇家のこと、とりわけ現在でも皇后が御親蚕をされているご様子を読み聞きするうちに、歴代のその時々の天皇の御后との関わりを知ることになり、とうとう第二十二代雄略天皇の皇后が手ずから桑の葉で蚕を養育されたことなどが記述されている古書に巡りあった。

それは上垣守国著『養蚕秘録』（享和三年・一八〇三）という三巻から成り立つ書物で、日本農書全集全三十五巻の中に収められていた。この書は、いわゆる神代に始まったという養蚕についての、歴史、技術、文化にふれている。

巻頭に『日本書紀』からの「日本養蚕始之事」が紹介されているが、口語体となっているので、ここでは同書「巻第一神代上（第五段）一書第十二」から記してみる。

『既にして天照大神、天にまして曰はく、葦原中国に保食神有りと聞けり。爾月夜見尊、就きて候るべし』とのたまう。月夜見尊、勅を受けて降り、已に保食神の許に到りたまふ。保食神乃ち首を廻らし、国に嚮《むか》へば口より飯出で、又海に嚮《むか》へば鰭広《はたのひろもの》・鰭狭《はたのさもの》も口より出で、又山に嚮へば毛麁《けものあらもの》・毛柔《けものにこもの》も口より出づ。夫《そ》の品物《くさぐさのもの》悉に備え、百机《ももとりのつくえ》に貯《つ》みて饗へたてまつる。是の時に月夜見尊、念然《いか》り作色《おもほて》りして曰はく、「穢《けがらわ》しきかも、鄙《いや》しきかも。寧にぞ口より吐《たぐ》れる物を以ちて、敢《あ》へて我に養《か》ふべけむや」とのたまひ、迺《すなは》ち剣を抜き撃ち殺したまふ。然して後に復命《かへりことまを》して具《つぶ》に其の事を言《まを》したまふ。時に天照大神、怒りますこと甚しくして曰《のたま》はく、「汝《なれ》は是悪神《これあしきかみ》なり。相見えじ」とのたまひ、乃《すなは》ち月夜見尊と、一日一夜《ひとひひとよ》、隔離《なりさか》りて住みたまふ。是の後《のち》天照大神、復天熊《またあまのくまの》人《ひと》を遣《つかわ》し、往きて看《み》しめたまふ。是の時に保食神《うけもちのかみ》、実に已《すで》に死《みまか》れり。唯し其の神の頂に牛馬化為《な》り、顱《ひたひ》の上に粟《あわな》生り、眉《まよ》の上に繭《まよな》生り眼の中に稗《ひえ》生り、腹の中に稲生り、陰《ほと》に麦《むぎ》と大豆《まめ》・小豆と生りて有り。天熊人悉《ことごとく》に取り持ち去にて奉進《たてまつ》る。時に天照大神喜びて曰はく、「是の物は、顕見蒼生《うつしきあをひとくさ》の食ひて活くべきものなり」とのたまひ、乃《すなは》ち粟・稗・豆を以ちて陸田種《はたけつもものたね》とし、稲を以ちて水田種子《たなのものたね》としたまふ。又因りて天邑君《あまのむらきみ》を定む。即ち其の稲種《いなたね》を以ちて、始めて天狭田《あまのさだ》と長田《ながた》とに殖《う》う。其の秋の垂頴《たりほ》、八握《やつかほ》に莫莫然《しな》ひて甚だ快《こころよ》し。又口の裏《うち》に繭《まよ》を含み、便《すなは》ち糸を抽くこと得たり。此より始めて養蚕《こかみ》の道有り。保食《うけもちの》神《かみ》、此には宇気母知能加微《うけもちのかみ》と云ふ。顕見蒼生《うつしきあをひとくさ》、此には宇都志枳阿烏比等久佐《うつしきあをひとくさ》と云う。

参考に口語訳（三浦佑之訳）の例を紹介しておこうと思う。

天照大神は月夜見尊に葦原中国にいる保食神という神を見てくるよう命じた。月夜見尊が保食神の所へ行くと、保食神は陸を向いて口から飯を吐き出し、また海に向うと、鰭の広い大きな魚や鰭の狭い小さな魚も口から出てき、また、山に向うと毛のごわごわした獣や毛の軟らかい鳥がまた口から出てきた。その種々の物をすっかり備えて、多くの机に積み上げて饗応してさしあげた。

この時、月夜見尊は怒って顔を真っ赤にして、「穢らわしいことだ。卑しいことだ。どうして口から吐き出した物でもって、私にご馳走ができるなどと思っているのか」と仰せられて、たちまち剣を抜いて打ち殺してしまわれた。

それから後、復命して詳しくその事を申しあげられた。すると天照大神は立腹されること甚だしく「お前は悪い神だ。もはや顔も見たくない」と仰せられて月夜見尊と昼夜の距離を隔てて離れてお住まいになった。

その後に天照大神は、また天熊人を派遣して、保食神を看護させせられた。が、この時、保食神はすでに死んでいた。

しかしその神の頭には牛馬が自然に出来ており、額の上には粟が生え、眉の上には繭が生え、眼の中には稗が生え陰部には麦と大豆・小豆が生えていた。

天熊人は、残らずして天照大神に献上した。その時、天照大神はお喜びになって、「これらの物は、実際に地上で暮らしている人民が食べて生活すべきものである」と仰せられて、さっそく粟・稗・麦・豆を畑の種とされ、稲を水田の種とされた。またこれによって村長を定められた。そこで稲種は、握り拳八つほどの大きさに撓むほど繁茂してたいへん爽快である。また口の中に繭を含んで、即座に糸を抽き出すことができた。これより初めて養蚕の道ができたのである。「「保食神」はここではウケモチノカミという。「顕見蒼生」はここではウツシキアオヒトクサという」。」

保食神の古跡は日向の国？——五所稲荷神社

この保食神は女神と考えられるという。前述したように、『古事記』には登場せず『日本書紀』の神産みの段の第十一の一書にのみ登場される。上垣守国著の『養蚕秘録』によれば、保食神のゆかりの地は日向国だという。そのことから、保食神に出会いたくて、『野うさぎの道草』上梓からこちら、いろいろな書物で探していたのだが、ひょんなことから出会ったのであった。

宮崎県の文化を考える懇談会の資料から、伝統文化の掘り起こしに、教育現場に頼ることも必要だと認識して宮崎市の文化財関係の方と話していたとき、「今、どこの地域にも地域まちづくり推進委員会というのがあって、そういった仕事を担っているところが増えています」という耳よりなことを教えていただいたのだ。それから間もなく宮崎神宮の五所稲荷神社に保食神《うけもちのかみ》が祀られていることを知り、友人の水間京子さんと訪れた。

朱色の鳥居十七基を潜って、五所稲荷神社はあり、宮崎神宮の境内神池《しんち》横に鎮座している。その佇まいは古い（文政十年〈一八二七〉とある）手水鉢をバックに幽玄である。

しかし、周囲をぐるりと巡っても祭神の記載がないのであった。グラフィックデザイナーの水間さんは写真撮影に夢中である。「社務所で聞いてきますね」と言い残し、広い境内を走る。「保食神さまのことで」と問うと、若い宮司さんが一枚の紙を持ってみえた。

「二十五年前の五所稲荷改修工事の趣意書なのですが、ここに載っているとおりです」と言われたので押し戴いて彼女のところに帰った。「ほらあったわよ！御祭神は保食神さま」。感動であった。

古くより、農業、産業、食物、また商売繁盛、諸業繁栄の守護神として、多くの人々より崇敬されてきたとある。保食神のみに目がくらみ、これまで他の御祭神に目がいかなかったが、塩土の翁、道臣命、椎根津命、大久米命等の名もある。

ここまできて、『日本書紀』との関わりなどがご専門で、日向学院で教鞭をとられていた黒岩充秀先生に監修をお願いする。快くお引き受けいただいた。

一葉《ひとつば》稲荷神社へ

一月の寒中もここ日向の青い空は、ぬけるように高く、日差しも温かく少し足早に歩くと、うっすらと、汗ばむほどだ。

これからお参りする一葉神社の御祭神に期待をよせる。ひょっとして保食神様ならば、何という幸運だろうか。この地は昔から宮崎平野の稲作地帯としても、食の神様がお祀りしてあっても不思議はないのである。

江田川に架かる小さな〝ふなとはし〟を渡り十本あまりの赤い鳥居を潜ってい

くと、右手に御由緒を掲げた案内がある。

一、御祭神　倉稲魂命《うがのみたまのみこと》　五穀豊穣・衣食住殖産の神・商工水産・商売繁昌・家内安全
猿田彦《さるたひこ》命《のみこと》　海陸交通安全
塩土老翁命《しおづちのおじみこと》　安産厄除
大国主命《おおくにぬしのみこと》　縁結び・厄除・学業成就

一、御鎮座地　日向国阿波岐原（宮崎市一葉）

一葉神社は、古史神代のいわゆる筑紫の日向の橘の小戸の阿波岐原にご鎮座、人皇第十二代景行天皇御宇に創建されたと伝う。

左手にある社務所から宮司さんがでてこられたので、主祭神の倉稲魂命のことをお尋ねすると「保食神とも言われます」とお聞きした時は、信じられないほど驚いた。石川浩宮司は第十四代と言われる。

保食神を主祭神とする一葉稲荷神社

一葉稲荷神社略誌を手渡されたので、めくると〝開運の白兎〞とあり、約三百五十年前、津波に呑み込まれそうになった神社を一匹のウサギが波を蹴散らして救ったと伝えられ、災害からの〈守り神〉と書いてあるのを私が読むのを石川宮司さんは待っておいでになったようで、「こちらに来てごらんなさい」と言って赤い鳥居の先を指さされ、「ここは道より随分高いことがおわかりでしょう」と言われるので、眼をこらすと、確かにわたってきた〝江田川〞にかかる〝ふなとはし〞より、幾分高い感じである。

「この白ウサギは、因幡の白ウサギとは関係ないのでしょうか」と問うと「全然関係ありません」と言われて、「社の裏に白うさぎが祀ってありますよ」と言われるので、後でお参りすることにした。

白うさぎが祀ってある一葉稲荷神社社殿裏

石川宮司さんに「倉稲魂命はどんな神様でしょう」と聞くと、「食に携わる神様で特に稲ですね」といわれる。「稲荷神社の稲荷とは？」と矢継ぎ早に問うても、煩《うるさ》がられもせず「稲が生《な》るということです」と涼しいお顔である。五穀豊穣を司る神にお仕えになる特別な御方の所以だろう。
御社をぐるりと回って裏に。御社を守り抜いた白ウサギは社の高いところに鎮座しておられた。

育の章　農業生産の流通現場へ

宮崎市中央卸売市場（市場協会）へ

二〇一七年二月三日、今日は節分である。殻つき落花生が千葉に住む甥から届いているので、今夜はそれを撒く予定だ。豆も五穀に入るが、これは大豆のようだ。昨今は落花生が大豆に取ってかわっているが、国産の落花生はなかなか手に入らなくなっている。

市場協会（中央卸売市場・管理棟にある）の外薗進市局長に許可を取っていたので、午前九時二十分に徒歩で行く。明日は立春というだけで気分は華やぐ。新別府川に架かっている檍橋を渡ると、左手にイオン宮崎の建物がある。その右手が本年開業四十周年を迎えるという中央卸売市場だ。ここは一般の方にも午前十時から午後二時まで、ひろく開放している。開放するようになってまだ日は浅いが、市民からはたいそう喜ばれていて、特にお昼の食事時が多いようだ。

局長は市場長まで務め上げたベテランである。以前は宮崎市役所で農政も担当しておられたので、生産者の気持ちもわかり、また、流通業界もわかる頼もしい数少ないスペシャリストである。この市場が開場する一年前から、市役所で共に働いてきた仲間でもあるので遠慮がない。

「商売繁盛していますか」と問うと、駐車場に並んでいる車を指して「このとおり。だんだん寂しくなるよ」と言われたが、私はこの高齢社会にどこもこのような状況だと思っているのでそんなにも感じない。「開場当初（昭和52年6月26日）は売買参加者は何人位だったのでしょうね」と尋ねると、「八百人は超えていたと思うよ」と言われる。このことは、如何に小売業者が少なくなったかということになる。そして売買参加者は、「青果で二百人ちょいかな」と言われる。仲卸業者は青果で十三社、水産で十二社だそうだ。

買い物難民と自分のことを称している私としては、小売業者が減っていくのが何よりの痛手である。高齢社会においては当然の社会的推移と言えるのかもしれないが、業者も消費者も共に大変なことに変わりはないのだ。

市場協会局長にはすでに、保食神が食を司るとりわけ五穀に関する神様と説明してあるので、主に青果物に絞ってお尋ねする。

戦後、日本人の栄養改善に大きく寄与したものとして、一枚のプラスチックフィルムの下に温暖気象を作り出し、多くの新鮮な野菜を食卓に供した、ハウス農業を挙げなければならない。秋末から初春にかけては漬物・乾物が主であった食卓に、彩り鮮やかなトマト・キュウリ・レタスなどが、四季をとわず並ぶようになった。それにつれ、四十〜五十年前に味わったみずみずしい旬の野菜を賞味する楽しさは失せてしまった。いわゆる「野菜の旬を消したハウス農業」（内嶋善兵衛著『宮崎の四季と気象』から）というようなくだりを思い出し、「春夏秋冬、特に旬を感じられる作物はありますか」の問いに「あまりないねぇ。それでも、この季節は金柑、日向夏、いちごなど」と答えていただいた。

「五穀の中の作物の取り扱いは？」と話を向けると、「知ってのとおり、米は減反政策だし、麦はあまり作ってないし、粟、稗など奨励はしなかったしね。豆は大豆など道の駅などに出すくらいかな」という返答である。

「この市場が開場したころの宮崎の特産作物は、きゅうり、かぼちゃ、さといも、ピーマン、トマトだったように覚えていますが」と言うと、「今もあまり変わらなくてその路線だねぇ」とのこと。里芋など年中とれて、路地、早出、遅出、ハウスとあるが、旬と呼ぶのはやはり路地ものだろうか？と考えあぐねていると、「消費者が年間通して需要が多いものだろうね」と局長は言われる。お盆中心には里芋類、秋から冬に向けては、京芋が最近は伸びているという。形崩れがしない御節向きが好まれるのだろうか。

なるほど今は、消費者の需要に合わせて旬が作られるようなものであろうか。焼酎の原材料は、米・麦・そば・芋などだが、中でもこの地は芋が多い。しかし、市場を流通するものは少ないみたいである。都城や宮崎周辺も芋が多いようであるが、「業者と農家との契約栽培かもね」と私の考えと一致をみた。因みにこの地域・綾町にゆかりのある本格焼酎木挽のラベルには、〈宮崎県日向灘から採取した当社独自の酵母を使用し、宮崎・綾の日本有数の照葉樹林が生み出す清らかな水と南九州産の厳選された芋（黄金千貫）を原料に〉とある。

県西部えびの市の、「明月」という焼酎にもこの黄金千貫は使われている。そして水はクルソン峡からの清流を用いているらしく、やはり原材料には良質の水も欠かせないようである。

「先日、家人が言っていましたけれども、最近、ドイツあたりでは、日本からの米の粉を輸入してパンを焼いているみたいですね」と言うと、局長は「私ものテレビ番組見ましたよ。何でも、小麦粉にはアレルギーが出る成分があるらしいけれど、米粉には入ってないらしい」と。「そういうことだったのですね」と合点したのであった。

帰りに一階フロアで小学生が中央卸売市場を見学した折の感想文が届いていて、きちんと整理してあったので、一部を紹介したい。

市場見学者（小学生）の目

K町　小学校　三年生

わたしは、二、〇〇〇人がはたらいているのを見て、すごくおどろきました。あと、魚市場にゆきました。

Uさん

先日、雨の中、しんせつにせつ明してくれて、ありがとうございました。魚のせりが早起きで大へんそうでした。お店で商品の何産かを見たいと思います。

Sさん

先日は市場の見学をさせてくださってありがとうございました。市場の中にも商店がいがあることをしりませんでした。いろんなことを教えてくださってありがとうございました。

Uさん

K市　小学校　五年生

市場の中を見せていただきありがとうございました。ぼくは、野菜の数におどろきました。いろいろな産地の野菜が青果市場に集まっているのにもおどろ

きました。　　　　　　　　　　　　　Nくん

H郡　小学校　三年生

今日は、魚や、やさいをみせていただきありがとうございました。いせえびをさわっていたので、すごいなと思いました。　　　　　　　Sくん

M市　小学校　三年生

この前は、やさいやくだものや魚や花を教えてくれてありがとうございました。わたしは、やさいで一番とれるのは、ピーマンだと言われてびっくりしました。魚の中ではカツオが一番とれると言った時はおなかがすいてきました。これからもがんばってはたらいてください。　　　　　　Mくん

そして、箱に入ったピーマンとトマトの絵が描いてある。こうした校外見学会で、生きた流通を学ぶことはとても大切なことだとおもった。

作る生産者の大変さ。市場で働いている流通業者の大変さ。また、家庭で料理してくれる方。あるいはそれらの材料で愛情を込めて学校給食などに出していただく方々のことなど、あるいは高齢者の方々や病院で入院している人々にどんな食事がとどけられているのだろう。

こう考えてくると、市場の役割やそれが他の人々の毎日の食事と密接にかかわっていることに子どもたちは気づくことだろう。

走の章　五穀豊穣を求めて

九州農政局・宮崎支局へ

昔から行われている、米の検査は、今どうなっているのだろうか。いわゆる等級という格付けのことである。

国の機関である、いわゆる「食糧事務所」というオフィスは、場所はかわっていなかったのだが、名称は「農林水産省・九州農政局宮崎支局」となっていた。早速、検査の「等級」について伺ったのだったが、農政業務管理官の松下裕二さんは「その仕事は民営化されていまして」と言いながらも、これまで国が手掛けてこられた等級の付け方をかいつまんでご説明くださった。

先ず「等級」は、お米の場合、玄米や籾などの皮付きの状態で検査することがほとんどであるとのこと。

水稲うるち玄米の場合

一等米　整粒（七〇％）
二等米　整粒（六〇％）
三等米　整粒（四五％）

整粒とは、何らかの被害により、割れたり色がついたりしていない米のことという。

さらに現在、米をめぐる状況については、主食用米から麦・大豆・飼料用米等を始めとする作物に転換して、需要に応じた生産の促進、水田のフル活用、水田農業全体としての所得の向上を図っている、とのことのようだ。

「現在、県内で多い米穀の銘柄は？」と尋ねると、普通米は「ひのひかり」・「おてんとそだち」・「まいひかり」。早期米は「こしひかり」・「夏の笑み」・「ミルキークイーン」と言われた。そしてこれからの奨励作物は「麦・大豆ですかね」だった。

また「これから、米をどう加工するかでしょうね」だったので、「今、あちこちのパン屋さんで米粉で作った、白く軟らかなパンに〝〇〇パン〟などと名付けて販売していますよね」と話すと、ニコニコされた。学校給食のことや、先日も中央卸売市場で米粉をドイツに輸出していることが話題になったことなどを話すと、「米粉パンは小麦粉の中にあるグルテンを混ぜているのがほとんどのようですがね」。流石に頼もしい農政業務管理官であった。

等級検査の写真は経済連米穀特産課から特別にお借りすることにした。

平成28年産米の検査風景（JA宮崎中央　佐土原検査場）
（写真／経済連米穀特産課）

宮崎県農産園芸課に赴く

お尋ねするのは、先日から資料をファクスしていただいている農産担当の角朋彦さんである。三月定例県議会が開会したばかりのところ、時間を割いていただいたことに先ず感謝である。

ドアの前で掲げている名前を確認していると、廊下の方から「どなたをお探しですか」と笑顔の若い男性である。「角さんに十時にお伺いする約束で」とこちらの名前を告げる。「あいにく角に打ち合わせが入り、私がお受けいたします。どうぞ……」と部屋に案内され、名刺をいただく。同じく農産担当の黒木遼一朗さんである。

貴重な時間なので早速お尋ねする。今回なぜ「五穀」に関しての統計をお願いしたのか、趣旨・目的を簡単に伝える。黒木さんは興味を示された様子で、熱心に私の話を聞いてくださっている。

それで、「五穀」とは何を指すか?との問いに、米・麦・大豆・粟・きびと言われる。稗はありませんか?との問いに「今はあまり作ってないですね」と言われる。その時々で品目も変わるようである。統計では「そば」が入っている。作付面積に対して収穫量が多いのはなぜ? という疑問には、作付けする品種の質が良くなっていることと、農機具などの機械化で収量アップに繋がっているとのこと。

そうこうしているうちに角さんの打ち合わせが終わったらしく黒木さんとバトンタッチされたが、お二人の連携がよく、私の疑問も簡単な単語一つでスムーズに適切にご返事いただき、言葉には誠意が感じられたのであった。行政という少々硬いイメージが完全に払拭されていた。人々が常食とする作物を取り扱っておられるそのことが、こうも自然体で人に接することになるのか?

統計の中の「五穀」の中で理解出来なかった用語についてはお聞きする。明快にこう答えられた。

○二条大麦……穂についている実の列数が異なる。穂を上から見ると二列。明治時代にビール醸造を目的に導入。現在は焼酎の原料にも。
○六条大麦……古くは炒って粉にし、「麦こがし」や「はったい粉」に。現在は精麦され「押し麦」など麦飯や麦味噌の原料としている。

ふたたび農産園芸課へ

三月も押し迫った午後、もう一度、国との連携などについて伺った。黒木遼一郎さんに再び対応してもらう。

疑問として、主食用米の需要量は毎年概ね八万トンずつ減少していることから、麦・大豆・飼料用米を始めとする作物に転換して「国が推し進める需要に応じた生産をすすめる」ということには、どんな試案があるのだろうか。

今、米に対してのいろいろな交付金が見直されている。平成三十年度以降の米政策に関してのQ&Aも寄せられていて、それには的確に県としての答えがあった。

・三十年度以降も引きつづき国から数字を示すべきではないか。
・生産数量目標の配分がなくなれば、過剰県が生産を増大させるのでは。
・国に代わって、県庁が需給調整に対する関与をするということは。
など。

以前から、県は実質的に生産者団体などと一緒に米消費拡大の役割を担って来られたとおもう。これからも、需要実績などの見える情報の提供など積極的に行うとのことであった。

米消費拡大推進協議会では、お米体験イベントとして、米づくり体験講座「みんなで体験！お米の一生」として、四月に「田植え体験」、六月に「生育調査・生き物観察」、八月に「稲刈り体験」を、農業大学校でされるということだ。消費者に対しての力強いアプローチと受け取れた。

このような体験講座を通して、現在の「お米の状況」を体験して、明日に繋がれば、「新しい農業」にも何かが生まれると信じている。

食育の実情は？

宮崎県農産園芸課からいただいた平成五年度と二十七年度の農林水産関係市町村別統計表を末尾に添付するにあたり、編集上の問題がおこった。

全表入れるについては紙面に余裕がないこと。また、読者もこの細かい数字を最後まで読み解く方はまれではないか？　という指摘である。

もっともな指摘であり、日本人の主食である水稲作物は勿論外せない由、伝える。と共に、小麦についても主食に次ぐ立場にあるので本書末尾にこの二表をつけることにした（一三八－一四一頁）。

早速、再々度農産園芸課に伺う。全表掲載は無理であり、とはいえ県の主食である水稲作物をはじめ日々県民の安心安全な食の確保に並々ならぬ地道な取り組みに感服していることを伝え、この二表で了解を得た。

水稲であるが、十アール当たりの収量は平成五年度産（三七〇キロ）より二十七年度産（四六四キロ）の方が増えている。作付面積は平成五年度は二万七四九一ヘクタールであるのに二十七年度は一万七三〇〇ヘクタールとかなりの減少なのにである。作付面積当たりの生産性は向上しているのである。

しかし、この現象はいつまで続くとも限らない。ますます、担い手不足は起こるだろう。先日、東南アジアで乾田に近い（後で水を張っていたが）田に直播で種もみをまくのをテレビでみたり、後に関係の本を読んだりもした。その様子を話題にすると、日本でも東北あたりで試験的にやっているようだ。

効率はさしおいて、日本では水稲であるので収量も安定し、米独自の香り、粘り、食味には他の手法などは到底かなわぬようである。

さしづめ、これまでの国の減反政策や今後の需要に応じての作付など、よほど家庭における主食である〝米〟の位置づけを考えて実行していかないと日本の米はどうなるのだろう。まさに喫緊の問題である。

随分前から文部科学省あたりでも食育には力を注いでいる。給食にも米飯を用い米の消費拡大に実際的に取り組んでいるのだ。一方家庭における食事の実態はどうか。

宮崎市の状況はどうであろうか。企画政策課に紹介して貰って、教育委員会保健給食課に電話を入れる。学校保健係の指導主事の先生が応対くださる。「今、朝食抜きで登校する生徒さんのことを調べている?」との質問に、平成二十八年度の全国学力テストを受験した市内小学校六年生三五七七名中、朝食は摂ってこない、殆ど摂らないを合わせて一五八名であり約四・五パーセントである。一方中学校三年生は同テストの受験者三二六一名中一五六名であり約四・八パーセントである。

「先生、朝食を殆ど摂っていますね」と言うと、「数字的にはこうですが、何を食べているかが全くわからない」と言われる。これ以上質問出来ないのが実態みたいである。

最近の子供たちは体力が落ちているやに伺っている。このあたりの因果関係など知りたいものだが、生活の多様化で食事の仕方、摂り方などもますます多様化しているとも聞く。

この四月から宮崎市に子ども未来局が誕生した。このあたりで今後、取り組みがなされるのではと期待するところである。

小麦であるが、特筆すべきは新富町で平成五年度における作付面積はゼロであったのが、二十七年度は五三ヘクタルの作付で、主にラーメン麺として宮崎市周辺に供給しているようだ。

宮崎県の自給率をどうみる？

「五穀」をいろんな方向から映し出すということも大切と考え、農業気象学専門の内嶋善兵衛先生（元宮崎公立大学長）にお会いした。

九州の南東部を占める宮崎県の農林業は温暖・多雨な気象条件、特に秋末から初春にかけての豊かな日射エネルギーを利用して、多くの農産物を生産し、市場に送り出している。

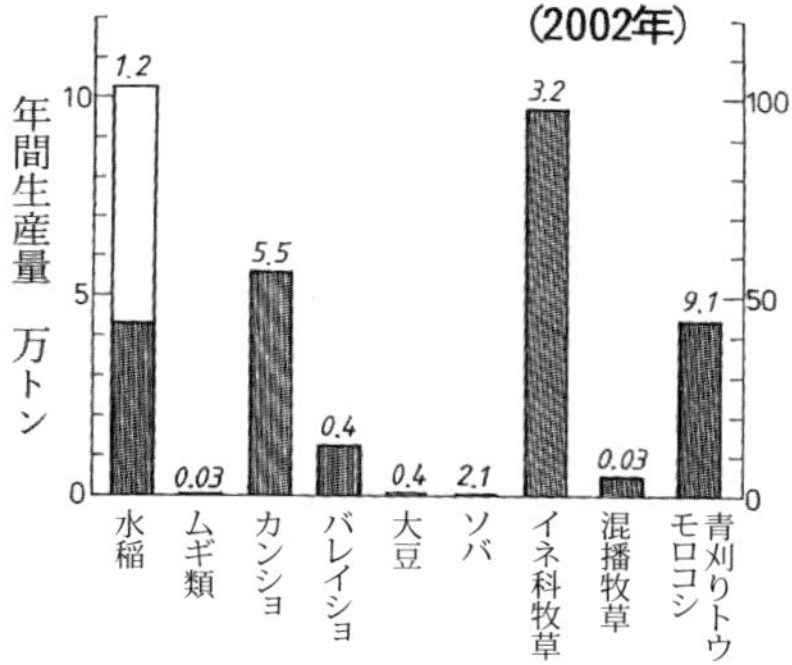

図3-2　宮崎県の主な農業生産
（宮崎県農林統計事務所資料より作成）

飼料作物生産量は右側スケールによる。各棒グラフ上部のイタリック数字は全国生産量への%。水稲の□は普通作、■は早期作。
（「宮崎の四季と気象」p 246 より）

農業県または食糧基地といわれる宮崎県の概要が上の図である。約七万ヘクタルの耕地と温暖な気候の下で豊かな農業生産が営まれているように見受けられるが、水稲一〇万トン、カンショ五・五万トン、バレイショ一万トンが多い方で、他の作物（ムギ類、大豆、ソバ）の生産はごく僅かである、と『宮崎の四季と気象』に記されている。農業県や食糧基地といわれる宮崎県の食料生産の実力が意外に低いことを示している。

また、農水省が一九九九年に発表した供給熱量の自給率調査で、宮崎県の自給率は、全国平均四〇パーセントより高いとはいえ五八パーセントにすぎず、一一〇万人の県民は多くの輸入・移入食料に頼っているのが実情である。
「ハウス農業は多くの新鮮野菜を年中途切れることなく消費者に供給してきた」とあり、「「太陽のタマゴ」とよばれるマンゴーや「たまたま」の完熟キンカンはハウス農業から生まれた準ブランド産品で、さらに技術を進め、上手に育てることが重要である」と見通されているのだが、その実態をもっと見つめる必要があろう。

九州農政局の玄関にあった
五穀豊穣を願うはにわ

そのことはともかく、完熟キンカンの今年の初競りは、一月十六日で一キロ六〇〇〇円、糖度は十八度と高かった。北九州の知人にエクセレント箱を送ったが丁度インフルエンザの時期にビタミンC豊富なキンカンは喜ばれた。

注・内嶋善兵衛『宮崎の四季と気象』（二四六頁　図3－2　2003年　鉱脈社）

恵の章　五穀とは

五穀とは

そこで、天照大神が天熊人を遣わして実情を調べさせたところ、命絶えた保食神の身体から様々な食物が生えていた。天熊人は残らず天照大神に献上した時、大変喜ばれて「これらの物は、実際に地上で暮らしている人民が食べて生活すべきものである」と仰せられて、早速、粟・稗・豆を畑の種とされ、稲を水田の種とされたとあり、これが五穀の源と言えるのだろうか。

以下、『広辞苑』や『週刊朝日百科・世界の植物』などに依って五穀とは何かをまとめ、五つの穀物を整理しておこう。

五　穀

人が常食とする五種の穀物。米・麦・粟《あわ》豆・黍《きび》または稗《ひえ》など諸説がある。「いつつのたなつもの」「いつくさのたなつもの」

五穀の神

稚産霊命《わかむすひのみこと》、倉稲魂命《うかのみたまのみこと》、保食神《うけもちのかみ》の総称。（『広辞苑』）

こめ（米）とイネ（稲）

こめ（米）

稲の果実。籾殻《もみがら》を取り去ったままのものを玄米、精白したものを白米または精米という。五穀の一つとされ、小麦とともに世界で最も重要な食糧穀物。粳《うるち》は炊いて飯とし、糯《もちごめ》は蒸して餅とする。また、菓子・酒・味噌・醤油などの原料。（『広辞苑』）

※なお、最近は米粉をパンなどに利用している。

稲（イネ）の起源

イネ

イネ属には多くの種があるのだが、その内の二種が栽培されているのだそうだ。ひとつはアジアを中心に世界各地に分布している、われわれが普通にイネと言っているもの、もうひとつはサハラ砂漠の南側の西アフリカに栽培されているアフリカイネだそうだ。

アフリカイネの分布は限られているので現在の分布地帯でもっとも豊富な変異を示すニジェール川内陸デルタが、その発祥の地であるようだ。

普通イネには多数の品種があり、インド型（インディカ米）と日本型（ジャポニカ米）に大別されている。

インド型の米は形が細長いということだが、飛躍するようではあるが、最近こんなことを聴いた。コシヒカリの田圃からジャポニカ米が誕生したという。これは細長く粘りけがあるようだ。

イネには「陸稲」と「水稲」があることはよく知られているが、そのほかに熱帯アジアとアフリカには「深水稲」もあり、数メートルの深水に生育し、「浮稲」とよばれているのだそうだ。（「週刊朝日百科・世界の植物」から）

むぎ（麦）の種類

むぎ（麦）

イネ科に属するオオムギ・コムギ・ハダカムギ・ライムギ・エンバクなどの総称、また、その殻実。古来、食用・飼料として重要。茎も麦藁《むぎわら》として、工芸材料・肥料などに用いる。（『広辞苑』）

コムギの起源

コムギは栽培植物のうちで、もっとも古い歴史と多くの人類文化をはぐくんできた主要な穀類である。イネ科コムギ属に属し、約二十種におよぶ多数の種が知られているようだ。

トランスコーカサス特産のペルシャコムギがパンコムギの祖先穂としての可能性が高く、この地域のタルホコムギとの雑種を生じてパンコムギが生まれたよう

オオムギ

だ。このパンコムギは朝鮮半島をへて、日本へは四世紀か五世紀のはじめに導入されている。現在コムギの生産量の九〇パーセントを占めている。（「週刊朝日百科・世界の植物」から）

オオムギの起源

古代エジプトの自然ミイラの胃腸の内容物を調べたところ、オオムギ特有の穀皮細胞がたくさん発見できたということである。

このオオムギがビールの主原料であることも知られている。そのビールの製造の歴史は紀元前三五〇〇年というから驚きだ。

このオオムギがわが国に伝わったルート・年代などは定かでない。（「週刊朝日百科・世界の植物」から）

あわ（粟）

アワ

あわ（粟）

イネ科の一年生作物。五穀の一つ。原産地は東アジア。日本では畑地で重要な食用作物だったが、今ではほとんど栽培しない。果実は小粒で黄色。米と混ぜて飯とし、飴・酒の原料、また小鳥の飼料。「もちあわ」は餅とする。（『広辞苑』）

アワの起源

中国古代の庶民が常食とした穀類は、アワキビなどの雑穀類と推定される。黄河中・下流のある時代の遺跡からは大量のアワのもみが発見されたとのことである。（「週刊朝日百科・世界の植物」から）

きび（黍）

きび（黍）

（キミ〈黍〉の転）イネ科の一年生作物。インド原産とされ、中国では古くか

きび

ら主要な穀物で五穀の一つ。古く朝鮮を経て渡来したが、現在はほとんど栽培しない。果実は、食用・飼料、また餅菓子・酒などの原料。粳《うるち》と糯《もち》とがある。茎は黍稈《きびがら》細工の材料。（『広辞苑』）

きびの起源中国古代の庶民が常食とした穀類。また、遺跡から亀甲、牛骨の上に刻された卜《うらな》いの文章に何故か、黍の豊作を卜なったものが多いということは、それだけ黍が重要視されたのではとおもわれる。（「週刊朝日百科・世界の食物」から）

ひえ（稗）

ひえ（稗）
イネ科の一年草。中国原産で、日本には古く渡来。種子はやや三角形の細粒。強健なため、古来、救荒作物として栽培、粒を食用とした。粒・茎葉は飼料としてすぐれているが、今は栽培が少ない。（『広辞苑』）

ひえ

※なお、水田などにイネの雑草として混じる。

ひえつき節

しかし、今、稗を食する人はあまりいないのではなかろうか。

久しぶりに正調ひえつき節を聞く機会（椎葉村民謡会）に恵まれ、感動した。

宮崎県民俗学会会長の原田解氏の県内の民謡に関しての解説は、解りやすく好きだ。以下その解説を紹介する。情景が目に浮かぶ。


九州山脈の中ほどに位置する椎葉村。落人が隠れ住んだと云い伝えられる山里である。険しい山々に囲まれた秘境は耕作地が少なく、また、県内でも数少ない豪雪地帯のため、稲作に向かず、戦後しばらくまで暮らしのあらかたを焼畑による雑穀栽培や狩猟に頼ってきた。

そして、その中から風土色の濃い民謡や神楽などが多様に生み出されている。

「ひえつき節」はそれらを代表する、全国区の民謡である。

この村では晩秋から初冬にかけ、農家の土間や庭先などでヒエ搗きが行われ、近在から見物客が押し掛け大いににぎわった。

いったん蒸して甘皮を取ったヒエを木臼《うす》に入れ杵《きね》で搗くのがおおよその手順なのだが、六人の搗き手が木臼を囲み威勢よく杵を振るう六本杵の呼吸が歌のテンポを左右している。

澄み切った空気が冴え冴えとする中で朗々と歌いあげる正調ひえつき節に聞き惚れた。

ひえつき節

庭のさんしゅの木　鳴る鈴かけて
鈴の鳴るときゃ　出ておじゃれよー
鈴の鳴るときゃ　何というてでましょ
駒に水くりょと　言うて出ましょー

なんぼ搗《つ》いても　このヒエ搗けぬ
どこのお蔵の　下積みかよー

だいず（大豆）

だいず（大豆）
マメ科の一年生作物。栽培の起源は古く、東アジア原産。弥生時代初期に中国から渡来したとされる。現在は主にアメリカ・中国・ブラジルなどで栽培され、最も重要なマメ科作物。五穀の一つ。高さ三〇〜四〇センチメートル、葉は三出複葉で互生。夏に蝶形の花を束状につけ、その後長さ約五センチメートルの莢《さや》を実らす。蔓性のもの、また種子が黒・茶・緑色など品種が多い。種子は蛋白質と油脂に富み、食用または味噌・醤油・豆腐・納豆などの原料に用い、また、大豆油は食用・工業用となる。搾油後の大豆粕、茎葉は飼料・肥料とする。（『広辞苑』から引用）

大豆

そば（蕎麦）

そば（蕎麦）
（古名「そばむぎ」の略）タデ科の一年生作物。原産地は東アジア北部とされ、中国・朝鮮から日本に渡来。ロシアに多く栽培。多くの品種があり夏ソバ・秋ソバに大別。茎は赤みを帯び、花は白。収穫までの期間が短く、荒地にもよく育つ。果実の胚乳で蕎麦粉を製する。（『広辞苑』）

今回の取材で国・県の関係部署をまわったことは前項にふれたが、ソバはいわゆる五穀ではないのであるが、主要穀物として、統計にも取られているようであった。

そば

連の章　小さな文の「五穀」

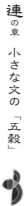

ハガキ随筆から

毎日新聞宮崎支局では毎日、二五二文字の〈ハガキ随筆〉を掲載している。筆者も過去二年間選者として関わってきた。気づいたのは五穀（主に米・麦・豆類であるが）に関する話題が描かれているということである。米・麦・豆類の食品が多様に加工されて食されている。私たちの生活にいかに密着しているかということであろうか。このハガキ随筆をとおして、「五穀」がどう姿を変え、我々の食卓を彩っているかを見てみたい。

いのち

宮崎市　田原　雅子

私は7カ月で産まれた。母の両の手のひらに収まるくらい小さくて、泣き声もか細く、とても育たないと助産師さんは思われたと母がいった。乳が出ないので米の粉を飲ませ、柳行李に寝かせて湯たんぽを両脇や足元に入れたという。生家は愛宕山の下にあり、掛樋を使って水を得ていた。冬は氷柱ができ、日の当たる時間はわずかで、未熟児を育てるのは容易ではなかったろうと、親になって思った。

50歳を過ぎた頃、病にふせた母は12歳の私を残して旅立った。この冬誕生日を迎えた。母の生きた年月をはるかに超えた。

ごちそうですよ

宮崎市　藤田リツ子

夫が遠く旅立ってしまったある年、スズメが庭の草の実をついばんでいるのを見た。思いついてお仏飯をまいた。姿は見えないが、飯粒は消えていた。翌朝そっとのぞくと、2羽のスズメがつついているのを見て、にんまりした。20羽ほどに増え、窓ガラスをつついて催促。1人暮らしの私を小さなスズメたちが毎朝さえずりながら訪れてくれた。しかし、いつしかやめてしまった。十七回忌を迎えた先日、ふと思い出して飯粒をまいてみた。すると、2羽の子スズメがちらちらみながらついばんでくれた。大丈夫よ。たんとお食べ。

60年前の弁当

日南市　矢野　博子

「あのラッキョウ覚えてる?」電話の向こうで妹が言った。私たち姉妹は麦飯弁当。Kちゃん姉妹の弁当には、白いご飯に白いラッキョウが入っていた。横目でのぞくと、ニッキ玉のように大きく真ん丸でジュワーッとあめ玉の味が湧いてきた。「ちょうだい!」といつも私に言うように、妹が一言言えばいいのにな、とひそかに思っていた。でも何も言わなかった。し方なくつまんだ祖母のラッキヨウは、薬指の爪ほどで、やっぱり大人の味がした。60年近くたち、はっと気付いた。本当に羨ましかったのは、輝く白いご飯の方だったかも。

笑いの餅踏み

串間市　林　和江

1歳を迎え歩きだした孫に、餅踏みをさせた。嫌がる孫を無理やり餅の上に立たせ、カメラに収めた。次に米と筆（本）と金を並べてどれを選ぶかで将来の職業や才能を占う儀式をした。

みんな興味津々に孫を見つめた。500円玉のほうに向かおうとしていたが、左に筆が見えるや、すかさず手にして、今度は右手でお金をつかんだ。すごい根性だと大笑いした。先は大物になるかも？　と孫びいきになってしまった。

健やかに成長することを祈りながら、餅踏みの行事は無事終わった。

雨上がりの躍動

宮崎市　川畑　昭子

雨が上がり散歩に出た。小川は音を立て、水しぶきがあがっている。稲穂が付き始め緑が鮮やかな水田が続く。農業高校、宮大演習田と表示板が並ぶ。

白い翼を広げた2羽の鳥に、黒い鳥が2羽加わり青田の上をリズミカルに飛び交う。白い鳥があぜに降りた。鶴のような姿にうっとり。頭上をトンボの大群が飛び始めた。色が違う。雄と雌だろう。川辺にはネムノキが柔らかい花をつけ、夕焼けが明日の天気を約束している。

躍動的な自然を見つめるうちに、ここで学びゆく若者たちが生き生きと農業に携わる未来の姿を想像した。

ムカゴのまんま

都城市　蔀　なおこ

この時節にしか味わえない自然の恵みにムカゴがある。うりひめとあまんじゃくの物語にも、嫁入りするうりひめにおじいさんが何が一番食べたいかと問うと、「ムカゴのまんまがいっちすき」と返答する場面がある。

あれは二十数年前、伯母から一握りのムカゴをもらった。我が家にくる途中、道端で摘みながら来たのだろう。その晩、ムカゴご飯というものを初めて口にした。まるで秋の味覚が染み渡るようだった。

夏も陰り始め庭先で小粒なムカゴを発見。ふと、あのあまんじゃくがムカゴまんまを馬の桶6杯食らうさまが蘇る。

あく巻き

串間市　島田さつき

竹の皮に包まれ、ふっくらあめ色に輝いた祖母手作りのあく巻き。年を重ねるにつれおいしいと思うようになったが、子供の頃は苦手で嫌いだった。この時期になるとあく汁がスーパーに並んでいる。我が家の竹林で皮が取れるので、今年こそは手作りしようと思い立った。

もち米を洗いあく汁に一晩浸して竹の皮で包み、大きな鍋で煮ること3時間。懐かしい匂いが部屋中に漂っている。ワクワクしながら取りだすと、祖母と同様の柔らかいあく巻きが出来上がっていた。まずは仏壇に上げ、早速試食。「うまい」。夫の言葉に喜びも倍増した。

神楽の里で

延岡市　柳田　慧子

日神楽のため、公民館に一日だけ造られた神楽殿は里の人の思いのこもったものだった。

もてなしの地鶏入りのうどんをうれしくいただきながら視線を巡らす。広間に立つ4本の緑の神木はつやつやかで、すがしい神域を作り出し、笛の音は神々のおでましを静かに導いた。

「おもてさま」と敬い、女は触れることのできないお面からは大切に受け継がれた遥かな時が降りてくる。シャン、シャンと心華やぐ鈴が鳴り、淡い冬日を踏んで白足袋が舞った。

「うどん、もう一杯、食べんですか?」。

漂い始めた冷気の中で温かい言葉が届いた。

地球ヨゴレマス

延岡市　逢坂　鶴子

片田舎で細々と商いをしている。赤毛をひもで結んだ外国の女性が「ゴハン」と言い、パンと飲み物を買った。袋を出すと「ノー!地球ヨゴレマス」と言う。パンツルックが可愛い。「気をつけて」「オー!イエス。アリガトウ」片目をつむって行く姿に人柄がしのばれ見とれた。

次にきた日本の若者も袋はいらないと言う。

「オー!イエス。アリガトウ」と言うと目をぱちくり。先ほどの可愛いこちゃんの話をすると、「おばちゃんも可愛いよ」。調子のいいこと。でもうれしい、若者の意識の向上も。今日は一日楽しく過ごせそう。

母の気持ち

延岡市　島田千恵子

今更とも思いながら、体によいという麦ご飯にしている。だが子供の頃、わが家で白いご飯は祭りか来客の時くらいだった。

母が時々言う。町の高校に通っていた兄たちは「弁当はもう少し麦のないところを詰めて」と注文をつけた、と。「町の子たちの中で恥ずかしかったんじゃろ。可哀そうなことじゃった」。

お釜の中で白米が上にくるように別に米だけを上に乗せて炊いた。弁当にはそこを詰めたと話す。今でも切なく思っているのだろう。「お母さん、いいアイデアじゃったが」と毎回感心し、笑いで終わるようにする。

ピーマンの肉詰め

宮崎市　堀　柾子

茨城の友の年賀状に「電話下さい。私もいたします（代筆）」とあった。彼女は病のため手が震えペンを執れない。

発病した頃、私も茨城にいた。家事も難しくなり、得意だった料理もしなくなった。一からのスタートの70歳近いご主人は戸惑っていたが、焼き魚、野菜炒めなど簡単な献立でどうにか対応していた。私も気になり、時々総菜を届け見舞っていた。

あれから4年。彼も腕を上げたらしい。アプリでレシピを調べ、助言を受けつつ、パスタやピーマンの肉詰めなど手の込んだ料理も作れるとか。彼女の声は明るくうれしそうだった。

パン大好き

宮崎市　桑畑　順一

私はパンが好きだ。パンなしには1日も過ごせない。私の人生で大切なものを三つ挙げるなら第1がパン、第2もパン、第3が女房だ。

甘党の私が好きなのはジャムパン、クリームパン、チョコパン、あんパン、アップルデニッシュ、パインデニッシュ。女房が「あんたが買ってくるのはパンじゃなく、お菓子だ」と皮肉を言う。2、3日ごとに近くのスーパー内の店へ買いに行くので、店の女性従業員たちともすっかり顔なじみになった。

ただ、パン好きの私も車の運転中は絶対にパンは食べない。パンク（パン食う）が怖い。

真実味のない話

延岡市　北崎　忠明

戦時中の子供の頃の思い出を、仲間との飲み会や、親戚の子供たちに話すことがある。

「毎日2回、空襲警報が発令されたよ」「学校の運動場はすべて畑になったよ」「冬寒中、足袋を履かず、表彰されたよ」「稲苗の虫とり、イナゴとりでも表彰されたよ」「道端の馬ふんは拾って回ったよ」「田・畑・仕事も」「家では、馬、鶏、犬とウサギの世話」「魚・貝とり、まき割り、クドでの飯炊きまでしたよ」。誰もが作り話と思い、上のそらで聞き流している。想定外の世界観なのだろう。真実なんだ。皆、頑張れよ。

弁当

延岡市　楠田美穂子

息子が結婚でこの家を出て、私の弁当作りが終わった。中学校入学から通算16年だ。

早起きが苦手なので手の込んだことはできない。もっぱら、夕べの残り物や、スピード調理の料理本に助けられてきた。朝食、弁当、犬の世話。パートに出ていた頃は自分の身支度で、はしさえ持てない日もあった。

みそ汁を作り終え換気扇を止めると、落ち着いた空気が広くなった食卓を覆う。牛乳を温めるレンジの音がやけに大きい。

やれやれ、弁当箱は無事、嫁にバトンタッチされた。だが、つい、夕食のおかずを少しずつ取り置きそうになる。

姑の味

宮崎市　米良　武子

夏も本番。温かい味噌汁は体が受け付けない。こんな時は姑伝授の冷汁に限る。夫と結婚して初めて冷汁を知った。実家の母からは「冷えたみそ汁かけご飯か」と相手にされなかったが、この時期にはごちそうだ。空炒りしたいりこと白ゴマを丁寧にすりながら味噌を焼き、だし汁も作る。

今や冷汁の素が市販されていて、何度か試したが、やっぱり手作りにはかなわない。この日、冷汁には欠かせないキュウリがなくてトマトを入れてみた。これがいい。トマトの赤い色も。姑が生きていたらなんと言うだろうか。

笑顔でいてね

日南市　永井ミツ子

近所に餅つき名人のおばちゃんがいる。年の暮れには、毎年30キロ余りの餅をつく。

おばちゃんの作るお餅は、杵つきのように粘りがあり、中でもアン餅は、自家製の小豆で、優しい味のコシアン。おまけによもぎ餅である。

お正月も過ぎて、茶飲み話をしていると「今年の餅はうまくなかった」と、しょんぼり。

実は私も食べて、すぐにいつもと違うと気づいていた。でもあまりに気落ちしているので「誰が82歳にもなって、こんなにおいしい、お餅作れるかね」と慰めた。おばちゃんはぷっくら顔でにっこり笑った。

煮豆のおじさん

宮崎市　高木　真弓

チリンチリンと鐘を鳴らしておじさんが来る。大きな自転車とは対照的に、メガネをかけた小柄な人だったと記憶する。

「おじさーん」と駆け寄ると自転車を止め、荷台に積んである箱のふたを開ける。すがすがしい朝の空気の中に甘いおいしそうな香りが漂う。コロッケ三つと煮豆を買う。おじさんは、三角の紙袋に器用に入れ「はいよ」と渡してくれる。

何でもある今の時代。食べ物も例外ではない。色とりどりのきれいなおかずが並んでいる。それでも、あの地味なおじさんのコロッケと煮豆の味は、今でも忘れられない。

あぜ豆

宮崎市　貞原　信義

坂が続いて歩き疲れていた。道端のあぜに同年代ぐらいのご婦人。休みついでに「ご精が出ますね！」と一声かけ、子供のころの広島の思い出を話した。

田植え後、まだ、乾いて固くなる前のあぜに、小さな木槌で、ペッタンコ、ペッタンコと凹まして、そこに大豆を3粒置いて、上に肥やし混じりの土を被せて植えた。子どもたちの仕事で、はしゃぎながら、楽しんだ。

「このあぜにはえんどう豆を植えていた。収穫して傷んだあぜを手入れしている」と返事が返った。そこで、お互いの思い出話に花が咲いた。

真心

串間市　安山　らく

行きたかった旧南郷村へ８人で日帰りの旅に出かけた。

ソバづくしの昼食をとるため予約した旅館へ入った。廊下の隅には、すうっとした心温まる野草が生けてある。心が落ち着く。通された部屋にはなんとクロモジの枝と野草をあしらったつぼ生けが、床の間にどんと据えられていた。「見事だ」。派手さはないが、さりげないもてなしが随所に目につく。

そして一品一品心のこもった料理。あまり好きではないソバも、おいしくいただけた。

あこがれし百済の里へ行けた喜びと相まって、満足の一日を過ごさせてもらった。

随想三編

＊過去に発表した関連作品三編を掲載する。

蕎麦の花

　秋風にゆれて白い可憐な花は、初めてあう少女に、「あなたの住む家はここに建つのよ」とやさしく告げてくれていた。

　ちょっとした家が二軒はゆうに建つような畑地は、今を盛りと満開のそばの花に埋めつくされていた。昭和二十四年、私は小学四年生、外地から引き揚げのわたしの家族六人は、祖父母の家に叔父叔母などと一緒にひしめき合って暮らしていたのだった。

　父が新しく事業を興そうとして、事務所と自宅を建てようとしていた。宮崎駅の近く、当時寿町と呼んでいた。

そばの花はつぎつぎに抜かれて、茎から根っこの赤い色が鮮やかに目に映った。悪童たちがわざわざ大淀（南宮崎）からやってきて、「そばの赤い根っこは大切にしないと、怖いことが起こるよ」といっておばあちゃんから聞いたという昔話をもっともらしく聞かせてくれたのだが、信じる気になれなくて覚えていない。

大淀小から江平小にと転校した私はいじめにあった。しかし、今のような陰湿なものではなく、どちらかというと、友達になりたい気持ちの裏返しのようで、男の子からハーフコートの袖を引っ張られて脇のところが綻びたりしてなきべそをかいたりしたものだが、母は「こんな縫いなおしの弱い生地だから裂けもするよね」とため息をつきながらも繕ってくれた。

本人はその時はめそめそしているものの、次の日はけろりとして、ドッジボールでその男の子に当てて「昨日のお返し！」というと、女の子たちはいっせいに手をたたいて「やったー、やったー」と応援してくれたものだ。いつしか女の子のボスと親友になっていた。

父の事業はなかなか軌道に乗らず、ある年は家具という家具、事務所の什器、備品に赤札が貼られていたので、母に聞くと「税金が払えないのよ」と曇った顔で言い、父は金策に奔走していた。順調にいくかと思えた木材業界も戦後の不安定な経済に翻弄されていたのだろうか？

しかし、やっと一息つけると父が呟いていたその年の六月の半ば、蒼い顔をして山から帰り「腹の具合がどうもいかん」と母にいっていたが、「いや、岩清水を飲んだのがまずかったのかな」と独り言のように言っていた。下痢の止まらない身体をおして仕事をしていたが、とうとう「県立宮崎病院」にちょうど一カ月の入院で、あっけなく逝ってしまった。四十二歳、男の本厄と言われる年まわりであった。

当時の県立病院の院長先生は名医とうたわれた泉谷武近先生。見たては外地から持ち帰った風土病の一種で「アメーバー赤痢菌」が肝臓に巣食ったとのことであった。

蕎麦の花を見る機会がめっきりと減ったが、あの時の悪童どもが言ったことが今でも昨日のことのように蘇る。「こわいことがおこる」。でも、白い可憐な蕎麦の花に出会いたい。

焼畑

蕎麦の花が好きだという私に夫は「僕もそばのことならいろいろ思い出があるよ」といって遠くを見る目差しとなる。生まれ育った県北の日之影町の焼畑の模様などぽつぽつと話してくれる。

畑に火を入れると四年ほど使えるという。一年目はソバ、二年目にはヒエとアワを収穫し、三年目には小豆、四年目には大豆を栽培するというサイクルのようだ。焼畑として用いる耕作地は材を切りだしたあと地を利用し、次の植林までの三～四年を耕作する。火入れは一家、親戚あげての作業だが、耕作の段階になると年寄りの格好の楽しみの仕事で僅かばかりの小遣い銭稼ぎの喜びもあったようだ。

また、そこには孫とじいさんとの関わりの場も生まれていたようだ。

当時、小学生であった夫などは「じいさんのお伴でよく耕しにいったものだ」という。「今考えると、ちょっとした労働力としても役にたっていたものだが、どうもばあちゃんが、じいちゃんの身を案じて一緒にやっていたに違いないなぁ」という。そして「ばあちゃんが大鍋に作ったしょうゆ汁にそば粉をといたそばかきの味が忘れられないなぁ」というのだ。

それにしても、自分の履く草履を藁で綯って、元気盛りの男の子である。足の弱ったじいちゃんの身になって考えることなどおぼつかないのであったのだろうか？　とっとっと先を急ぎ「もうちょっとゆっくり歩かんか」と言われた子供のころの夫は、草履作りも達者だったみたいだ。草履は使用する目的で違っていて、山道や仕事に行くときは、角結びといって頑丈に作った草履を履いた。「足が痛かったでしょうね」と問うと「まあな」と胸を張っているようで可笑しい。

焼畑のそばの収穫期である十一月ともなると手足がかじかんで、今でもその冷たさが思い出されるという。

その少年だった夫も今では孫息子を伴い焼畑でなく大淀川に魚つりに行く。魚つりの好きな夫が一人ゴムボートをこぎ出すのを案じて、孫息子をつけてやりはじめたのは私かもしれない。

夏休みも終わりに近づいたある日、孫息子がボートに酔うというので、がた釣りで「はぜ」を釣ると言って出かけていった。

小さなはぜを十何匹か釣りまあまあの漁獲である。帰ってくるなり「なあ、じっちゃん、男の約束で同じ数くらい釣ろうなぁ。と約束したら上手くいったんだよね」と他愛ない。「そうそう、きょうは大きい方も出たよ」とはにかんだように私に報告する。そこには一寸逞しくなった男の子の顔があった。二～三年前、二人で釣りに行ったと思ったらすぐ引き返してきた。「どうしても外では大きい方が出ない」というのだ。夫が「困ったものだ」と嘆いていたが、ようやく自然に同化したようだ。

じいちゃんと孫との関係も時代とともに変わっていくのだろうか。

孫息子が「じっちゃんの育った山や川に行ってみたい」という。「こんなところでそばを作っていたんだよ」と山鍬を持たせたらどんな感想をもつのであろうか。

蕎《そ》麦《ば》通《つう》

私はいわゆる蕎麦通ではない。しかし、うどんと違った雰囲気のある蕎麦は大好きである。勿論うどんも好物ではあるが……。

待ち合わせの場所には「うどんやさん」でというより「蕎麦やさん」という方が何か粋な感じを受けるのは私だけであろうか？

通に言わせると、美味しい蕎麦に出会ったときの嬉しさは、成熟した酒を飲むときの気持ちと同じだという。

そして、決まって素蕎麦を注文する。きっと蕎麦そのものの味にこだわっているのであろう。

何事でも精通した、極めた人のいきつくところは「素」となる日本古来の舞踊にしても「素踊り」が舞える人こそ極めた人であろうか。舞台の装置も素質で屏風のみくらい。そして、帯なども、後見結びなどにし無駄なものは一切取り払い芸だけで見せる。見たものにとって、後味のすがすがしさは例えようも無い。その域に達するまでの月日の流れに凡人とどのような違いがあるというのだろうか。何事でも同じことが言えそうだ。

さて、私がかってに蕎麦通とおもっている渡辺綱纜産業経営大教授とアポロの泉で待ち合わせをした。「お昼に蕎麦でも食おう」と言われる。用件は私の持っている資料を借りたい。とのことであった。

時間に厳しい教授なので、先に到着しアポロの泉の周りにおいてある可愛いテーブルと椅子に満足し、腰をおろした。十二時きっかりあたふたと来られた教授は「じゃ二階にあがろうか」とまるで、不思議な国のアリスに出てくるウサギのごとく、エスカレーターに乗られる。「あのー資料――」というのを「あ、それは蕎麦やで」と、どんどん先を行かれる。

いつも贔屓のお蕎麦やさんである。店主はもちろん、従業員にも丁寧に挨拶を交わされる。満席の中の幾組かの知人らしい方からも声がかかる。「僕は、ざる」と言われ、私の方をご覧になり「あなたは、たしか、鴨なんだったね」と言われ注文して下さった。驚いた。蕎麦やさんに入ったのは、これで二度しかないと記憶している。

ざる蕎麦が運ばれてきた。「そば湯もね」といわれ蕎麦猪口に蕎麦つゆと小口にきったねぎなどの薬味をちょっと落とされ実に美味しそうに召し上がった。その早いこと、あっという間もなく、わたしも味わう間もなく「じゃ、この資料借りるね」と蕎麦やさんから五、六歩出たところで「それでは……」と別れた。時計を見たらその間、三十分に満たなかった。

爽やかで清々しい風に吹かれたみたいで気持ちよかった。しかし次の予定に間が空いたので、近くに勤務する甥っ子の携帯を鳴らした。「おばちゃん、時間が空いたけど出て来れない？」と誘ってみた。お昼の電話当番ということで振られてしまった。その日、夫に話すと可笑しがった。「うんうん、よくわかるよくわかる」と言ったが、何がよくわかったのであろうか？

「お蕎麦を食べに行きましょう」と誘われている。「小腹の空いた午後、日が高くなく、でも暮れるでもなく、そう四時ごろから、おしゃもじに焼き味噌など乗せてもらって、そして極上のお酒をいただきましょう」と江戸の粋人みたいなことをいうのである。その友人は私がお酒が下戸なのも良く知っていて、誘っているのである。嬉しくなって「行くわよ、勿論」と応えた。

ようやく秋の空になり、汗ばむことも少なくなってきた。久しぶりに一重の紬などを着、下駄ばきで、そのお誘いのお供をしたいと思っている。

『風のシルエット』（みやざきエッセイスト・クラブ作品集6）から

五穀のお好きなピアニスト――水野喜子先生からの俳句

水野喜子先生から五穀に関する俳句が届いた。喜子先生はピアニストである。出会いは一九九八年というから、かれこれ二十九年の歳月が経っている。文化庁招聘の芸術家を宮崎市の学校にお招きしたのがご縁であった。

マリンバ奏者の水野与旨久先生は、日本有数のマリンバ奏者としてＮＨＫをはじめ各放送局の音楽番組に出演、ＴＶ・映画（黒沢映画にはほとんど）などにも関わり、演奏はもとよりトークにも人気が高い。夫人の喜子さんが専属でピアノ伴奏をつとめておられる。

水野喜子ご夫妻は夏は北海道で、マリンバやピアノのレッスン・コンクールとかで、毎年一週間程は、知床や、北見文化会館等で過ごされ、その行事も三十年間になるという。また、都内での初夢コンサートや、最近ご案内を受けたのは、名古屋でホテルでのディナーショーなど。一度、お伺いしたいものだ。

喜子先生から「五穀米」を日常用いられているのを伺い、これまで、「五穀の作物」を詠まれた句を紹介していただいた。日常生活に即した句は何ものにも替えがたい魅力に感じるのは私だけであろうか。

豆ご飯　　　水野　喜子

生真面目な仕立て屋の窓鏡餅
言い訳の決まらぬまゝや寒卵
豆腐屋の夫婦の絆寒の水
トーストの飛び出す音や寒の晴れ
受験児に今朝は二つの塩にぎり

Bランチ五穀ご飯にさくら餅

美しき旧友待ちて菜の花膳

玄米粥箸の白さと菜の花漬

駄々ッ子のほっぺに粟ときびと麦

アンパンの空洞多し梅雨あがる

五穀飯健康八十路夏に入る

夏ランチ熱き一品コーンスープ

老いてこそ至福もありや豆ご飯

ここだけの話聞きをり冷やしそば

小さい秋カサッと音たつメロンパン
今朝の秋ポテトチプスの割れる音
新そばにわさび多目の黄瀬戸皿
まゆつばの話に応え零余子飯
山の宿新米ご飯湯気上げて
みちのくのみわたす稲穂旅うれし（あの被災のあとで）
余生とはこうも愉し栗ご飯
輪島椀青き小葱の蜆汁
つれあいのいる幸せや豆ご飯

再の章　日向の国宮崎の食べ物

この度本書の上梓にあたり、宮崎公立大学卒業生から宮崎に関しての食べ物（特に五穀に関して）の文章を寄せていただき感謝している。食べ物、殊に食事を共に味わうということほど親密さを増すものはない。この卒業生の方々とはそんな仲で、誠に幸せである。

冷や汁と郷愁

渡邉　美香（福岡県在住）

「はい、どうぞ」お店の小母さんの溌剌とした声音と共に郷土料理が私の前へ運ばれてきた。暑い夏の日。それは太く力強い青い線が勢いよく描かれた重厚な器に盛られていた。

当時私は大学入学を機に故郷北九州から宮崎へ移り新生活を送っていた。方言や気候の違いは故郷を離れたことをしみじみと実感させた。その一方でだんだん馴染んでいき、その穏やかな土地柄もあって郷愁に似たような感覚が芽生えつつあった。

この郷土料理、ご飯に味噌汁がかけられ輪切りの胡瓜と胡麻が所々に見え隠れしている冷たい一品「冷や汁」は、私にとって斬新で同時に遠い記憶を思い起こさせた。

幼い頃、農家だった祖父と食した、ねこまんま。湯気立つ味噌汁をご飯にかけて勢いよく食す。母から三角食べを教わった私は盛ってかけて、かき込むという何だか慌ただしい三拍子に戸惑った。祖父の手は筋張っていて指の皮は分厚く存在感たっぷり。その上にちょこんとのっかっている茶碗から口の中へと潔くかき込まれる様子を見ていると、つられて私も一緒に啜った。「おじいちゃん、面白い食べ方やね。思ったよりも美味しいよ」と私。「そうか、昔の人は忙しいときやおかずのないときこうやって食べたんよ」。陽光が部屋中に広がり祖父の笑顔は一層優しく照らされていた。

そのあたたかい記憶に思いを馳せ、さあいただこうと器に手を伸ばした。「ああ、冷たい」。その刹那に味噌汁とご飯は熱々であるというこだわりが再び脳裏に蘇った。しかし私はあの時のように勢いよく啜った。「まあ、上品なねこまんま」。まろやかでご飯と味噌汁と胡麻の風味が品良く纏まっている。その冷たさはのど越しがよく、夏の暑さに日照った身体と私のこだわりを鎮めてくれた。まるで和音を耳にしたときのような心地良ささえ与えられ、新しいけれど郷愁を誘うようなものがあった。

いつの日か家族と宮崎に赴き再びあの冷や汁を味わいたい。そして娘たちに「こんな暑い日にもね、栄養たっぷりで沢山美味しく食べられるようにこの土地の先人の知恵と愛情が詰まっている一品なのよ」と、かつての祖父のように語りたい。

懐かしい宮崎の食べ物

清水　吏香（石川県在住）

私は宮崎公立大在学中にいろいろな縁を頂いた宮崎に感謝しています。現在は日本海側（石川県）に住んでいます。宮崎は一年中太陽に恵まれていたので古来より日向国であったことを私は実感しています。その風土が宮崎の文化、食につながり、私が在学中に何気なく食べていたものも、宮崎でしか出会えなかったものだと思うのです。その中でも特に心に残ったものについて紹介させていただきます。

①冷や汁（あつあつの麦ご飯に冷たい汁）

見た目はご飯に味噌汁がかかったもの。しかし作り方は味噌汁とは違う。焼いた魚の身に胡麻・味噌をすり鉢ですり、これを直火で焼く。味噌を焼くとは目からうろこ。これで味に深みが増すのかと思った記憶があります。

そして、薬味のみょうが・青しそ・豆腐など。食欲のなくなる夏の暑い日には、これを食べることで滋養が取れました。宮崎を離れてから現在でも夏には必ず作って食べます。我が家では夏の定番になっています。

②釜揚げうどん

週に一度は食べていたかもしれません。夏はあっさり感じ、冬は温かくしかも安くて腹もちが良く学生の味方。宮崎ではどこでも目にする食ですが、石川県・北陸では皆無です。

③切干大根

都城から宮崎市内に向かう269号線を通ると必ず漂ってくる大根を干している香り。今思えば冬でも太陽が出る宮崎だからこそ見ることの出来た光景。スーパーで切干大根を手に取ると必ず産地は宮崎。料理をしていると、あの道へ引き戻される食材です。

あと、日向夏みかんも宮崎でしか味わうことのできない食。現在はネットで簡単に購入できますが、宮崎に行って食べる楽しみを残しておきたいと思うのです。
あ～宮崎に行きたい。

私の好きな場所・宮崎

田中　法子（福岡県在住）

三月、冷たく肌にささるような風が、暖かく柔らかな風に変わると、私はいつもの景色を思い出す。初めて宮崎の地に降り、目にした市役所の前で風に揺れる赤・白・黄色のポピー。真っ青な空。そして包まれるような穏やかな雰囲気。ここで過ごす学生生活を想像して幸せな気持ちになった。

橘通りを少し歩いてバスに乗り、大学を見に行った。その後、すぐ側のＪＡの食堂で昼食を摂った。お米美味しい！　ここで生きていけると私は確信した。この宮崎の印象は四年間変わることなく、現在に至っている。

今回、五穀についてのエッセイのお話を頂いた時、真っ先にあの美味しいお米が頭に浮かんだ。お米だけでなく宮崎の食べ物は全てが美味しかった。

食べることは生きること。そして食事が私たちに与えてくれるものは栄養だけではない。実家で食べる食事。いつも心がほっとする。母の愛だろう。作物を口にした時、作り手の温かさを感じ、涙したという話を聞いたことがある。それらを思うと、全ての食べ物が美味しいのは宮崎の土壌と無関係でなく、また、その豊かな土地で育った物を食べることが、人柄の軟らかさに繋がっていると思わずにいられない。そして、もし、神話に出てくる五穀を司る神保食神と宮崎の関係がこの豊かな土壌を生み出した原点であるなら、私が十五年前感じた、包まれるような穏やかな雰囲気に必然性を感じる。

　永遠に変わらない物への安心感。時が育んでくれる豊かさ。時折食べたくなる冷や汁。そんな時、きっと私は宮崎で感じた空気感にふれたいと心が求めているのだろう。

土鍋ごはんに満たされて

岡田　朋子（宮崎県在住）

ぷくぷくと熱い湯気とともに音がたってくると、なんともいえない甘い香りが漂いだし、あともうしばらく経てばおいしいごはんが炊き上がる――そう思うと、それだけで許されているような、満たされたあたたかい気持ちになる……。

ごはんを炊く土鍋を眺めつつの私の心境である。健康のために糖質を制限することを決意し、炊飯器を片付けてしまった。おかずだけでタンパク質をしっかりとる食事を意識していたが、なんとも物足りない気持ちになり、結局、摂りすぎないように注意しつつ、ごはんが私の食卓に帰ってきた。炊飯器をまた出すのも面倒くさくて、土鍋で炊いている。火加減を気遣いながら、音や香りを楽しみつつ、豊かな時間が過ぎる。土鍋で炊くのは大変だろうと思っていたけれど、そうでもなくて、意外な楽しみを見つけることができた。

大切に炊いたごはんは言うまでもなくおいしい。まさに滋味であり、じわーっとおいしさだけでなくやさしさまでもが、舌から体全体に染み渡るようである。ごはんに醤油がのっかると、これまたおいしい。米と醤油、なんという相性の良さだろうか。他にも、海苔で巻いたり納豆と食べたり、明太子をのせたり……食べる楽しみに包まれる。控え目な甘さ、控え目な豊かな香り……ごはんが食べられる幸せを満喫し、食卓が華やぎ食の楽しさに癒される日々である。食べ過ぎないようにと自分に釘をさしつつ、幼い頃からごはんが大好きだった自分に気づかされ、幼少期の食卓の風景まで思い起こす。

とはいえ、炊くのも食べるのも幸せだが、炊くまでの準備が面倒くさい。米を研ぎ水に浸す。ただそれだけと言えばそれだけだがどうも気が進まない。なのでごはんを炊かない日もあるし、炊いた日は〝ごはんの準備を頑張った〟という自己満足に満たされる。そういう訳で、わが家の食卓のごはんは登場したり欠場したり私のきまぐれでいろいろだ。

母と同居していた頃は、台所には当たり前のようにごはんがあった。炊飯器の中であれ、冷やごはんであれ、毎日常に台所に行けばごはんにありつけたものだ。母は毎日毎日当たり前のように米を研いでいたのだろう。面倒くさい日があっただろうか。今日はごはんなしでもいっか、なんて思う日はなかっただろうか。

あんなに当たり前にいつもごはんがあったことが、今の私にとっては淡い幻のようだ。古代から続く米を炊くという作業が、私の命にも続いていた。炊き上がる土鍋ごはんを眺めながら、祈りのような満たされた思いにふれた。

祈の章　記紀神話をめぐって

記紀神話とは

さて、ここで記紀についておさらいしてみよう。私もそうだが、記紀について時々こんがらがってくることがある。

例えば、この本のテーマである「保食神《うけもちのかみ》」であるが、この神は『日本書紀』にしか現れない神である。しかし、作物起源神話に現れる神としては『古事記』では類似の話としてオホゲツヒメの話がある。この話は後でご紹介しよう。

ご承知のとおり「記」は『古事記』の記であり、「紀」は『日本書紀』の紀である。

『古事記』は、西暦七一二年、奈良時代の和銅五年に、元明天皇の命により、稗田阿礼が誦習していた話を、太安万侶が四カ月で一人で書きあげたものと言われている。全三巻で、稗田阿礼の言葉を文字に置き換えて書かれているのだが、音訓混合という、当時としてはまったく新しい日本文をつくり出したといわれている。

『古事記』は、天地の初めから神武誕生までの神話部分を上巻、神武東征から十五代応神天皇までを中巻、十六代仁徳天皇から三十三代推古天皇までを下巻としている。

『日本書紀』であるが、西暦七二〇年、奈良時代の養老四年、元正天皇の時に舎人親王が奏上したとあり、天武天皇が、西暦六八一（天武十）年に、川島皇子ら十二人に「帝紀と上古の諸事」を記させて以来、四十年かかって書き上げられた。量的にも全三十巻であり、純漢文で記されている。

また、『日本書紀』は本文としては単独のストーリーとしつつ、一書として、多数の異伝を収録しているが、圧倒的に神話の部分が多い。

『日本書紀』は、天地の初めから神武誕生までの神話部分を一巻と二巻、神武東征から十五代応神天皇までを十巻までとし、十六代仁徳天皇から三十三代推古天皇までを二十二巻まで、三十四代舒明天皇から四十代持統天皇までは三十巻までとなっている。

つまり、記紀神話とは、『古事記』の上巻、『日本書紀』の第一、第二巻に掲載されている神話のことを言う。

また、『古事記』は一人で書いたが、『日本書紀』は、いろんな資料を集めそれも国内だけでなく、中国、百済からも取り寄せ、ある資料によると、研究者の中にもおそらく朝鮮語を解する者もいたのではと推測されるという。


そして、「古事記編さん千三百年」は二〇一二年であったが、『日本書紀編さん千三百年』は二〇二〇年に迎えようとしている。

ここまで書いて、何かいままで謎めいた古い歌が蘇ってきたのである。

これは、三絃を習っていたころの歌で、はっきりした時代がわからなく、並んで『古今集』の歌があったので、平安朝のころの歌と思っていたが、奈良時代の時代風土とこのころの『日本書紀』の編者のことと考え併せると、奈良時代のものと想像するのが符牒が合うのだがどうであろうか。

花よりあくる
　花よりあくる　みよしの、
　春のあけぼの　見渡せば
　唐人もこま人も
　　大和こごろになりぬべし

この時代の大和のくには何もかも受け入れるおおらかな気風が感じられるのである。

『古事記』の作物起源神話

さて、作物の起源神話として、『日本書紀』から保食神を追ってきたのだが、『古事記』にも同じような記述があるのだ。

「又食物を大気津比売神乞ひき。爾に大気都乞比売、鼻口及尻より、種種の味者を取り出して、種種作り具へて進る時に、速須佐之男命、其の態を立ち伺ひて、穢汚して奉進ると為ひて、乃ち其の大気津比売神を殺しき。故、殺さえし神の身に生れる者は、頭に蚕生り、二つの目に稲種生り、二つの耳に粟生り、鼻に小豆生り、陰に麦生り、尻に大豆生りき。故是に神産巣日御祖命、これを取らしめて、種と成しき。」（日本民俗『神話と民俗の系譜』より引用）

「保食神」と「大気津比売」、「月読命」と「速須佐男命」とが入れ換わっているのみだ。

檍（アハキ）を歩く　記紀の始まりは祈りと感謝

八幡神社（宮崎市吉村町）へ春神楽をみにゆく。この神社は文明六年（一四七四）大分県宇佐八幡宮より勧請されたとある。

八幡神社の春神楽

主御祭神は誉田別命《ほんだわけのみこと》（応神天皇）で春神楽、夏祭り、十五夜祭り、などが盛大に執り行われている。明治・大正の頃十五夜には流鏑馬《やぶさめ》が奉納され神社から南には参道が続きそこを若駒が走るさまは見事だったと思われる。

神楽殿は南と西に開き、北は楽屋になっているのだろうか。

春神楽をみるのは初めてだ。お天気の良かったその日、敷物が敷かれ、卓が置かれ、氏子さんたちは思い思いに座り、用意された飲み物や食べ物を囲んで、目は舞台に注がれている。舞台の中央には人参、芋、大根、餅などこの宮崎平野檍地区で概ね取れるものばかりお供えしてある。

平野部で催される「昼神楽」は物語性の強い神々の「夜神楽」に比べ何とはなしに日常性がある。人々と神々が隣り合わせにいるような親しみを感じる。

三笠の舞いは五穀豊穣の祈願であり、とこしこの舞い（三人剣の舞い）などは、人々がこの平野を耕し農作業を守ってくれる神に感謝し、草を払い耕し、種をまく。その毎年訪れる一連の作業を緩やかに舞い、奉納する。

八幡神社の祢宜さんが春温かくなり、花が咲き、日差しが徐々に強くなり、風が吹き、そして、雨が降り、水が流れ大地が潤うこの季節……と語られる。ふと、保食神はここ日向の国にお出でになり、民人と共に種を蒔いておられる錯覚に、祢宜さんを振りむくと、大勢の観客に挨拶されながら、再びこちらに笑顔を向けてくださるのだった。

永井哲雄氏が、その昔『みやざきの伝承』の中で日向神話伝承の広がりの特色について、「記紀の神話と、地域に伝えられる伝承が相互に影響し合って、その地方特有の物語として展開しているもの」としておられるが、こちらの祢宜さん

伊耶那岐尊と伊耶那美尊を祀る江田神社

のお話を伺っていてこの檍地区の様々な伝承が、それらを裏打ちしていることに、気付かせていただいた。

江田神社・禊の池

その帰りに久しぶりに江田神社に赴く。御祭神は伊耶那岐尊《いざなきのみこと》、伊耶那美《いざなみの》尊《みこと》である。平安時代の延喜式神名帳という朝廷の台帳に日向四座の一つとして載る由緒ある神社である。

昼過ぎ、日傾くに暮るるに未だ遠しの感だが、森閑とした空気の中、鬱蒼とした木々の中を禊池に向かう。松林

黄泉の国から戻ったイザナキが禊をしたという禊池

で三方を囲まれて佇まいのある広い池である。間もなく黄睡蓮が咲き、十月まで美しいという。古代にはここは砂丘と砂丘に挟まれた入江であった、と言われている。
イザナキが「禊」をしたころは海水が入っていたのだろうか。今では取り残され池になったと言われている。海水が入っていたころの光景を想像すると、古代神々の姿が彷彿としてくる。
それから二、三日後だったか、TVで能狂言師の野村萬斎の「三番叟」を見た。その「鈴の段」を演じる時は、黒い面をつけて緩やかに舞うのだ。そして、同じように「種を蒔く」所作があった。『古事記』に題材を求めたということで興味を魅かれた。

檍原の成り立ちは『日本書紀』にも出てくるのだが、この由緒ある檍（阿波岐）ともいう町名が町村合併で消えてしまったことを、惜しいことと八幡神社の祢宜さんは言われる。

「『祓え詞』にもありますとおり、日向の国はこのあたりですよね」と問うと、晴れ晴れとした力強い笑顔であった。

祓え詞

かけまくも、かしこき、イザナキの大神。筑紫の、日向の、橘の、小戸の、阿波岐原に、禊ぎ祓えたまいしときに、なりませる、祓え戸の大神たち、諸々の、まがごと、罪、穢れあらむをば、祓えたまい、清めたまえと、申すことを、聞こしめせと、かしこみ、かしこみも申す。

絆の章

五穀の絆は大いなる豊かさ

宮崎市と橿原市

『日本書紀』一書の一八「橿、一名檍《アハキ》、万年木」とみえる。万年木とはカシ（橿）の木であるが、この「アハキ」がはたしてどの植物に当たるか、未詳。とある。また檍は「阿波岐」と言っている。

現在住んでいるところが檍地区である。宮崎市と橿原市とは神武天皇の御縁で姉妹都市となっている。宮崎市芸術文化連盟と橿原文化協会も文化交流を行っていて、平成二十七年には橿原市に伺った。

『日本書紀』によると初代天皇とされる神武天皇（神日本磐余彦尊）の宮（畝傍橿原宮）は四十五歳の時「神の徳を広めたい」として東征発案している。邇芸速日命が君臨する土地として大和の地を定めている。その大和の地に関する情報を提供したのは塩椎神である。

『日本書紀』においての神武東征譚には、政治、軍事、宗教の統率者としての天皇像が強く打ち出されている。

神武天皇はこの橿原宮で即位し、わが国建国の始祖となったという。橿原宮の創建は明治二十三年（一八九〇）民間有志の強い請願を受け明治天皇が官幣大社として創建された。祭神は神武天皇と皇后の媛踏鞴五十鈴媛命《ひめたたらいすずひめのみこと》。

とにかく境内が広い。畝傍山の南東に約五〇万平方メートルもの広さだ。檜皮《ひわだ》葺《ぶ》きで素木造の本殿と神楽殿は荘厳な雰囲気である。本殿は安政二年（一八五五）に建てられた京都御所の賢所を移築したもので重要文化財とのこと。

案内されている方が歩を休め、来年の四月三日の天皇祭に向けて、本殿の檜皮を葺き替えしていますと伝えられた。もとかわし（檜皮）を一・二センチの間隔で、一坪千八百枚必要とのこと。奈良県と、岐阜県との檜から二十八万枚調達されるとのことである。

昭和五十一年に葺き替え、およそ四十年ぶりの本殿の葺き替えという、記念すべき年に立ち会ったのであった。

バスで、本薬師寺跡を訪ねた。橿原市芸術文化協会常任理事の平井良朋先生から、天武天皇と持統天皇に纏わる様々なことを、大和三山を背景に伺った。

今回、平井良朋先生に、『日本書紀』にある橿原の橿は「檍」でありまた万年木と言われている由、お便りし、橿は樫の木ではないか？とお尋ねしてみた。また、保食神のゆかりの地は日向とあるが、そのあたりのご見解をもお尋ねしたのだった。

ご高齢（九十五歳）と伺っていたが、その返信の早いこと。いつも、年齢で、いろいろ判断はしていないが、全く年齢など無用の価値判断であるという感を深くしたのであった。

ご返信には、橿原については何も史上の文献もなく、橿がはたしてどんな植物であり檍との関連もわからぬが、「ただ、昭和十三～十五年あたりにこの地の考古学者が調査の時に、多大のイチイガシの材が発見されたので、昔はそんな名があったのかも……ということです」とあった。

イチイガシとはどのような樫の木だろうと何カ月か考えていたところ、つい最近、宮崎県の「みやざき新巨樹一〇〇選」決定と宮崎日日新聞に報道された。それによると一九九二年に選んだ一〇〇本のうち、十八本が枯死したためそれに代わる樹木を選び直した。その中の筆頭は綾町明見神社のイチイガシで、樹齢は五六〇〇年と推定された。そして新聞トップに堂々と写真がある。

これを見た時、橿原のイチイガシを思い起こしたのである。

残るは「日向の国」の見解である。それについては明快なお言葉はなかったものの、祓詞を聞き、初めて当地に案内された時「ヤッパリ、こんな所にあったんだな！と感激したことでした」とあった。「ですけれども、環境やムードだけで確たる証拠はなしに踏み切れるものではありません」との答えに、それはそうだとご自分のお身体の不調を棚に上げ、こちらの健康管理を気遣う平井先生に感謝するのみである。

樫の木が万年木と言われるような所以を他の書籍から見つけた。麦の進化を見ている時に、野生一粒コムギはイラン地方ザグロス山岳地方で常にカシの木と共存していて、カシの株の中に湿気を求めるように生育しているという。また、麦の遺跡も起元前六五〇〇〇年出土というがどうだろう。

五穀の絆は強い　思い出三景

母の自慢はお田植え祭

母の生まれ在所はえびの市である。えびのは昔から美味しい米が採れたところである。今と違って、早期水稲はなかっただろう。秋の稲穂の黄金に下がる様はどんなにか美しかったことだろうか。

皇室に差し上げる「献上米」と称していたが、初夏、早乙女姿の少女等がたすきがけで、何か使命感に似たものにつき動かされ、懸命に水を張った田に稲の苗を丁寧に植えていた情景が目に浮かぶのだった。

しかし、そのことを「えびの市」に問い合わせても、そのような事は記録としてないとのことであった。「古老の方にお尋ねしてみます」と言われ、三日ほど経った頃、市役所から電話があった。「あのお話は島津藩に献上米として皇室から要請があった折、土壌が火山灰の影響もありこのあたり（えびの）からの米を要請し送られたのでは」と言われる。話としては自然なので納得した。しかし、今は亡き母親には娘時代の美しい話として残したいものである。

美味しかったおはぎ

早朝、訪ねるところに伺う時間調整で普段歩かないところに出た。そこだけ、店が開いていたのだ。南向きに、小さな店だが丁寧にたくさんの穀類が並んでいた。いろんな豆類。米の粉を始めいろんな粉も壜に詰められていた。懐かしかった。

友人の岡美智子さん（アートリーフ）のお母さんが、何かの折にはお萩を作ってくださった。美智子さんが、「小豆にも凝っていて青空市場の白男川さんのところのよ」と言っていたのを思い出し、久しぶりに電話した。「そう。そこの小豆よ」と言って「よく春と秋のお彼岸前後にいろんな方から電話いただきます」と懐かしんでいる風であった。

蕎麦を一斤半で食べる

「大阪に三日ばかり滞在するわ」と、神戸在住の裕子さんに連絡する。すぐ出てきてくれた。「どこへ行きたい」と尋ねてくれたので迷わず「堺を中心に」と、裕子さんが堺の出身と聞いていたので答えた。「それでは、住吉さんにゆこか?」と言う。このあたりでは、神社・仏閣をさんづけである。高いところから人間の目線まで下ろして言うのだろうか。友達関係みたいで親しいのだ。

再び阪堺線に乗り宿院で下車。少し歩いて、待望の「蒸しそば」を食べに〝ちく満〟に行く。一見して老舗である。まだ、お昼にはほど遠いがさんさんごご、人が集まってくる。お店の人が「何斤に?」と問われる。裕子さんが私を見たが、「お任せします」と言うと、「ほな、一斤半を二つ!」と注文してくれた。

ほどなく、せいろ、おつゆとたまご二個が届いた。「おつゆにたまごを割りほぐして入れて、蕎麦をつけてな」と裕子さんから説明があったが、せいろから立ち上る蒸気でその言葉はかき消えるようであった。

あの温かな蒸気ごしにした会話の温かさ、おつゆとそばのうま味。その記憶は決して消えないだろう。

デコレーションおにぎり

友人が、結婚式らしい会場でデコレーションケーキではなく、巨大な三角おにぎりに、新郎新婦が今にもかぶりつきそうな瞬間の写真を見せてくれた。

「素晴らしい写真ね」に「そうでしょう！」。

この企画、新郎新婦さん二人で立てたそうだ。

私は素直に嬉しかった。若者のお米離れを危惧していたからだ。

この後、この巨大おにぎりは、小さな「おむすび」にして参加者全員に配られたらしい。

この新郎の父上に電話を入れた。

「このアイデア、ご子息ご夫婦のだそうですね」「そうですよ。私どもは全然知らなかったのです」と、ＪＡ農協中央会にご勤務されているお父上は、嬉しそうなお声であった。

結婚式に登場したデコレーションおにぎり

「知らされてなくて驚かれたでしょうね」に、「もう、嬉しさと、びっくりでした」と言われる。

やはり、ご子息は、父親の背中を見て、育っていたに違いない。

「米は〝えびの〟の特選米で三キロ使ったようです」と言われる。高等学校で英語の教師をされているご子息には、推測だが、外国人の教師、あるいは友人知人に、日本人の主食である〝お米〟でご自身の慶事を共に祝って欲しいと思われたのではと、今更のように、ステキなアイデアでもてなされた、意気込みが伝わってきた。

部活動の指導にもご熱心で、ご子息は陸上部、新婦はバレー部の指導者とかで、前途洋々これからの日本を背負う方々である。

「周囲の方々のご反応は如何でしたか」に「もうみんな、大喜びの笑顔と、びっくりした様子で盛り上がりました」だった。

このような方々が教育関係者でおられる限り宮崎県の農業の前途は明るく未来に翔くように思えてならないのである。

この写真の縁を取り持ってくれた友人に、〝ありがとう〟と感謝でいっぱいだ。

推移の表（宮崎県農産園芸課）

＊本文45頁参照

水稲 平成27年度

市町村	水稲		
	作付面積	10a当たり収量	収穫量
	ha	kg	t
宮崎市	2,700	414	11,200
都城市	3,000	523	15,700
延岡市	1,040	471	4,920
日南市	924	392	3,620
小林市	1,040	525	5,450
日向市	536	443	2,370
串間市	748	392	2,930
西都市	1,260	433	5,470
えびの市	1,140	546	6,230
三股町	354	509	1,800
高原町	423	520	2,200
国富町	511	448	2,290
綾町	135	460	621
高鍋町	320	434	1,390
新富町	484	437	2,110
西米良村	29	396	115
木城町	246	430	1,060
川南町	532	438	2,330
都農町	225	429	965
門川町	188	439	825
諸塚村	50	398	199
椎葉村	72	396	285
美郷町	453	439	1,990
高千穂町	483	486	2,350
日之影町	186	466	867
五ヶ瀬町	198	478	946
計	17,300	464	80,300

（参考）宮崎県の五穀の

水稲 平成5年度

市町村	水稲		
	作付面積	10a当たり収量	収穫量
	ha	kg	t
宮崎市	4,556	361	16,140
都城市	4,783	394	19,050
延岡市	1,538	331	5,133
日南市	1,385	373	5,196
小林市	1,704	348	6,403
日向市	785	363	2,880
串間市	1,210	390	4,720
西都市	1,890	339	6,400
えびの市	1,790	404	7,230
三股町	559	404	2,260
高原町	701	345	2,420
国富町	1,240	360	4,460
綾町	249	357	889
高鍋町	460	357	1,640
新富町	758	350	2,650
西米良村	46	286	132
木城町	367	351	1,290
川南町	851	381	3,240
都農町	381	364	1,390
門川町	231	370	855
諸塚村	67	332	222
椎葉村	133	314	418
美郷町	557	320	1,781
高千穂町	4,704	415	2,920
日之影町	269	379	1,020
五ヶ瀬町	277	378	1,050
計	27,491	370	101,789

小麦 平成27年度

市町村	小麦		
	作付面積	10a当たり収量	収穫量
	ha	kg	t
宮崎市	6	153	9
都城市	7	175	10
延岡市	1	289	2
日南市	1	115	1
小林市	3	143	4
日向市	2	245	4
串間市	1	151	2
西都市	3	39	1
えびの市	2	91	1
三股町	1	196	2
高原町	×	×	×
国富町	2	157	3
綾町	2	159	3
高鍋町	×	×	×
新富町	53	83	44
西米良村	—	—	—
木城町	1	70	1
川南町	1	14	0
都農町	1	74	1
門川町	—	—	—
諸塚村	×	×	×
椎葉村	—	—	—
美郷町	3	140	4
高千穂町	2	188	4
日之影町	0	195	1
五ヶ瀬町	—	—	—
計	95	102	97

小麦 平成5年度

市町村	小麦		
	作付面積	10a当たり収量	収穫量
	ha	kg	t
宮崎市	20	246	1
都城市	2	250	49
延岡市	10	264	5
日南市	1	216	27
小林市	1	241	2
日向市	8	275	3
串間市	1	222	23
西都市	2	252	2
えびの市	3	237	5
三股町	1	249	7
高原町	1	238	2
国富町	2	244	2
綾町	2	245	5
高鍋町	0	…	5
新富町	0	…	0
西米良村	0	…	0
木城町	0	…	0
川南町	0	…	0
都農町	2	254	0
門川町	0	…	5
諸塚村	1	225	0
椎葉村	0	…	2
美郷町	4	242	0
高千穂町	2	275	10
日之影町	3	276	6
五ヶ瀬町	0	…	8
計	66	255	0

終わりにあたって

神話の中に登場する神に興味を持ったことは初めてである。しかも保食神《うけもちのかみ》は『日本書紀』にしか登場しない女神である。

食物の起源神としていつも我々の食卓の側におられるのだ。五穀豊穣の五穀。米・麦・豆そして今こそ消えつつあるが、粟《あわ》・黍《きび》・稗《ひえ》にも頼った時代もあった。そして今、蕎麦《そば》にも期待を寄せている。

今回、いろんな所に足を運びあるいは電話で取材を進めてきたが、特に、米穀に関しては、国・県・市・経済連とそれぞれの分野での古い取り組みを尊重しつつ、新しい時代に応じた法制度、地域性、日々の経済の動向、あるいは、米穀を巡る海外情勢などなど気が抜けないところにある。ということを感じたのである。

加えて二〇二〇年のオリンピック・パラリンピックにむけて、国内では普及が進んでいないと言われている、グローバルＧＡＰなどの国際認証にむけての取り組みに期待しているところだ。

加えて二〇二〇年は『日本書紀』の編さん一三〇〇年であり、また二〇二〇年度は国民文化祭を宮崎県で開催とのことである。ますます宮崎県の「食」、郷土食に対しての認識も大切になろう。

最近亡くなられた郷土料理「杉の子」の店主森松平さんは以前から、「幼児期から美味しい食べ物に馴染ませよう！」とよく言っておられたが、全くその通りだと思う。特に、炊き立ての御飯の匂い、艶、味、粘り、これこそ、宮崎の米である、という認識と誇りをもって欲しいと願うものである。

地元の小学校に通う桜介君から四月の学校給食の表を見せていただいた。週五日のうち、三日は米にひじきや麦を混ぜた米飯。二日はパンやうどん・スパゲティなどの五穀の加工食品。先生方の創意工夫に頭が下がる。

保食神に出会ってからこの神に「守られている」感が強いのである。とはいえ、おそらく日本のあちこちに祭神として祀られていることも事実だろう。しかし、『日本書紀』に保食神の古跡は、日向のくにとあるのだ。今、この県は日向《ひなた》の国

と称している。とても良い名称だ。保食神もこの日向の国に安住しておいでにな
ると確信している。
保食神に導かれてあちらこちらと歩いたが、「農業県宮崎」の五穀豊穣に新し
い風を感じるのである。
今回、この稿を考えるにあたり一番先にご相談したのが監修に当たってくださ
った、当時日向学院教諭の黒岩充秀先生であった。惜しまれてこの三月には退職
された。しかしこれからが、面白い文武両道の道が待っている。（甲子園のスコ
アラーも経験）。
表紙はこの方にと決めていた明治時代から存在するという名門倶楽部、日本倶
楽部（東京）事務局長の日野直道さんにお願いした。今回は水彩で、ユニークな構
図と色遣いに選ぶのに迷った。写真は、グラフィックデザイナーの水間京子さん。
気軽にこちらのわがままを聞いていただいた。五穀の挿絵は、植物の得意な大野
静子さん。
ありがとうございました。

いつも背中を押してくれる夫。完成にあと一歩というところでプリンターが故障して立ち往生しているところへ応急処置を施した娘とその夫。ありがとうのその一言である。

最後に、何かといっては頼りにしている、渡辺綱纜さん（前宮崎県芸術文化協会会長）に発刊に寄せてのお言葉をいただいた。〝一言以て之を蔽う〟（「論語」より）の例えどおりすぐ「食」の神様の思いを、この明るい日向の国に〝保食神〟はおいでになると言っていただいた。素晴らしいお墨付きを頂いた気分で、この上なく嬉しい限りである。

私はこの五穀豊穣の保食神に、しかも女神に、郷土宮崎をお任せ出来ると信じている。

何故かこの保食神に導かれてこそ、日向の国は安泰に思えるのである。

＊参考図書

『日本書紀』神代上第五段一書第十―第十一　小島憲之他著（小学館）
『口語訳　古事記』（完全版）神話編其の三　三浦佑之著（文芸春秋社）
日本の歴史第一巻『神話から歴史へ』井上光貞著（中央公論社）
日本民俗『神話と民俗の系譜』大林太良著（朝日新聞社）
日本農書全集35『養蚕秘録』（上垣守国）（農山漁村文化協会）
『檍郷土史』（檍地区郷土史編さん委員会）
『日本神話　古事記と日本書紀の謎』（洋泉社）
『ひむか神話伝説』（社団法人・宮崎市観光協会）
『コメ農業の未来』窪田新之助著（イカロス出版）
鑑賞日本古典第2巻『日本書紀・風土記』直木孝次郎　西宮一民　岡田精司編（角川書店）
岩波少年文庫『古事記物語』福永武彦著（岩波書店）
『宮崎の四季と気象　地域環境科学へのいざない』内嶋善兵衛　岩倉尚哉　平木永二　竹前彬共著（鉱脈社）
『週刊朝日百科』（朝日新聞社）

[著者略歴]

森本 雍子（もりもと　ようこ）

1939（昭和14）年、満州生まれ。

1958年より宮崎市役所勤務、93（平成5）年退職。同年より宮交シティ㈱生活文化室に勤務、96（平成8）年退職。

宮崎県芸術文化協会監事、みやざきエッセイスト・クラブ会員、くらしのデザイン研究所主宰。宮崎市在住。


著書『野うさぎの道草』（2011年　鉱脈社）

　　みやざきエッセイスト・クラブ作品集1～21
　　＊ 毎年作品を掲載している

保食神《うけもちのかみ》に導かれて〈日向《ひなた》の国〉を歩く

25

二〇一七年八月二十六日印刷
二〇一七年九月　一　日発行

著　者　森本雍子©

発行者　川口敦己

発行所　鉱脈社
〒八八〇－八五五一
宮崎市田代町二六三番地
電話〇九八五－二五－一七五八

印刷
製本　有限会社　鉱　脈　社